中国古医籍整理丛书

求嗣指源

清·永福氏　辑

杨朝阳　校注

中国中医药出版社

·北　京·

图书在版编目（CIP）数据

求嗣指源/（清）永福氏辑；杨朝阳校注．—北京：中国中医药出版社，2016. 11（2025. 3重印）
（中国古医籍整理丛书）
ISBN 978－7－5132－3498－6

Ⅰ. ①求…　Ⅱ. ①永…　②杨…　Ⅲ. ①种子（中医）
Ⅳ. ①R271. 14

中国版本图书馆 CIP 数据核字（2016）第 152634 号

中 国 中 医 药 出 版 社 出 版
北京经济技术开发区科创十三街31号院二区8号楼
邮政编码　100176
传真　010 64405721
北京盛通印刷股份有限公司印刷
各地新华书店经销

*

开本 710×1000　1/16　印张 4　字数 17 千字
2016 年 11 月第 1 版　2025 年 3 月第 4 次印刷
书　号　ISBN 978－7－5132－3498－6

*

定价　15. 00 元
网址　www. cptcm. com

服务热线　010 64405510
购书热线　010 89535836
微信服务号　zgzyycbs
书店网址　csln. net/qksd/
官方微博　http://e. weibo. com/cptcm
淘宝天猫网址　http://zgzyycbs. tmall. com

国家中医药管理局

中医药古籍保护与利用能力建设项目

组织工作委员会

主 任 委 员 王国强

副主任委员 王志勇 李大宁

执行主任委员 曹洪欣 苏钢强 王国辰 欧阳兵

执行副主任委员 李 昱 武 东 李秀明 张成博

委 员

各省市项目组分管领导和主要专家

（山东省）武继彪 欧阳兵 张成博 贾青顺

（江苏省）吴勉华 周仲瑛 段金廒 胡 烈

（上海市）张怀琼 季 光 严世芸 段逸山

（福建省）阮诗玮 陈立典 李灿东 纪立金

（浙江省）徐伟伟 范永升 柴可群 盛增秀

（陕西省）黄立勋 呼 燕 魏少阳 苏荣彪

（河南省）夏祖昌 刘文第 韩新峰 许敬生

（辽宁省）杨关林 康廷国 石 岩 李德新

（四川省）杨殿兴 梁繁荣 余曙光 张 毅

各项目组负责人

王振国（山东省） 王旭东（江苏省） 张如青（上海市）

李灿东（福建省） 陈勇毅（浙江省） 焦振廉（陕西省）

蔡永敏（河南省） 鞠宝兆（辽宁省） 和中浚（四川省）

项目专家组

顾　问　马继兴　张灿玾　李经纬

组　长　余瀛鳌

成　员　李致忠　钱超尘　段逸山　严世芸　鲁兆麟

郑金生　林端宜　欧阳兵　高文柱　柳长华

王振国　王旭东　崔　蒙　严季澜　黄龙祥

陈勇毅　张志清

项目办公室（组织工作委员会办公室）

主　任　王振国　王思成

副主任　王振宇　刘群峰　陈榕虎　杨振宁　朱毓梅

刘更生　华中健

成　员　陈丽娜　邱　岳　王　庆　王　鹏　王春燕

郭瑞华　宋咏梅　周　扬　范　磊　张永泰

罗海鹰　王　爽　王　捷　贺晓路　熊智波

秘　书　张丰聪

前 言

中医药古籍是传承中华优秀文化的重要载体，也是中医学传承数千年的知识宝库，凝聚着中华民族特有的精神价值、思维方法、生命理论和医疗经验，不仅对于传承中医学术具有重要的历史价值，更是现代中医药科技创新和学术进步的源头和根基。保护和利用好中医药古籍，是弘扬中国优秀传统文化、传承中医学术的必由之路，事关中医药事业发展全局。

1949 年以来，在政府的大力支持和推动下，开展了系统的中医药古籍整理研究。1958 年，国务院科学规划委员会古籍整理出版规划小组在北京成立，负责指导全国的古籍整理出版工作。1982 年，国务院古籍整理出版规划小组召开全国古籍整理出版规划会议，制定了《古籍整理出版规划（1982—1990）》，卫生部先后下达了两批 200 余种中医古籍整理任务，掀起了中医古籍整理研究的新高潮，对中医文化与学术的弘扬、传承和发展，发挥了极其重要的作用，产生了不可估量的深远影响。

2007 年《国务院办公厅关于进一步加强古籍保护工作的意见》明确提出进一步加强古籍整理、出版和研究利用，以及

“保护为主、抢救第一、合理利用、加强管理”的方针。2009年《国务院关于扶持和促进中医药事业发展的若干意见》指出，要“开展中医药古籍普查登记，建立综合信息数据库和珍贵古籍名录，加强整理、出版、研究和利用”。《中医药创新发展规划纲要（2006—2020）》强调继承与创新并重，推动中医药传承与创新发展。

2003～2010年，国家财政多次立项支持中国中医科学院开展针对性中医药古籍抢救保护工作，在中国中医科学院图书馆设立全国唯一的行业古籍保护中心，影印抢救濒危珍本、孤本中医古籍1640余种；整理发布《中国中医古籍总目》；遴选351种孤本收入《中医古籍孤本大全》影印出版；开展了海外中医古籍目录调研和孤本回归工作，收集了11个国家和2个地区137个图书馆的240余种书目，基本摸清流失海外的中医古籍现状，确定国内失传的中医药古籍共有220种，复制出版海外所藏中医药古籍133种。2010年，国家财政部、国家中医药管理局设立“中医药古籍保护与利用能力建设项目”，资助整理400余种中医药古籍，并着眼于加强中医药古籍保护和研究机构建设，培养中医古籍整理研究的后备人才，全面提高中医药古籍保护与利用能力。

在此，国家中医药管理局成立了中医药古籍保护和利用专家组和项目办公室，专家组负责项目指导、咨询、质量把关，项目办公室负责实施过程的统筹协调。专家组成员对古籍整理研究具有丰富的经验，有的专家从事古籍整理研究长达70余年，深知中医药古籍整理研究的重要性、艰巨性与复杂性，履行职责认真务实。专家组从书目确定、版本选择、点校、注释等各方面，为项目实施提供了强有力的专业指导。老一辈专家的学术水平和智慧，是项目成功的重要保证。项目承担单位山东中医药大学、南京中医药大学、上海中医药大学、福建中医药大学、浙江省中医药研究院、陕西省中医药研究院、河南省中医药研究院、辽宁中医药大学、成都中医药大学及所在省市中医药管理部门精心组织，充分发挥区域间互补协作的优势，并得到承担项目出版工作的中国中医药出版社大力配合，全面推进中医药古籍保护与利用网络体系的构建和人才队伍建设，使一批有志于中医学术传承与古籍整理工作的人才凝聚在一起，研究队伍日益壮大，研究水平不断提高。

本着“抢救、保护、发掘、利用”的理念，该项目重点选择近60年未曾出版的重要古医籍，综合考虑所选古籍的保护价值、学术价值和实用价值。400余种中医药古籍涵盖了医经、基础理论、诊法、伤寒金匮、温病、本草、方书、内科、外科、女科、儿科、伤科、眼科、咽喉口齿、针灸推拿、养生、医案医话医论、医史、临证综合等门类，跨越唐、宋、金元、明以迄清末。全部古籍均按照项目办公室组织完成的行业标准《中医古籍整理规范》及《中医药古籍整理细则》进行整理校注，绝大多数中医药古籍是第一次校注出版，一批孤本、稿本、抄本更是首次整理面世。对一些重要学术问题的研究成果，则集中收录于各书的“校注说明”或“校注后记”中。

“既出书又出人”是本项目追求的目标。近年来，中医药古籍整理工作形势严峻，老一辈逐渐退出，新一代普遍存在整理研究古籍的经验不足、专业思想不坚定等问题，使中医古籍整理面临人才流失严重、青黄不接的局面。通过本项目实施，搭建平台，完善机制，培养队伍，提升能力，经过近5年的建设，锻炼了一批优秀人才，老中青三代齐聚一堂，有效地稳定了研究队伍，为中医药古籍整理工作的开展和中医文化与学术的传承提供必备的知识和人才储备。

本项目的实施与《中国古医籍整理丛书》的出版，对于加强中医药古籍文献研究队伍建设、建立古籍研究平台，提高古籍整理水平均具有积极的推动作用，对弘扬我国优秀传统文化，推进中医药继承创新，进一步发挥中医药服务民众的养生保健与防病治病作用将产生深远影响。

第九届、第十届全国人大常委会副委员长许嘉璐先生，国家卫生计生委副主任、国家中医药管理局局长、中华中医药学会会长王国强先生，我国著名医史文献专家、中国中医科学院马继兴先生在百忙之中为丛书作序，我们深表敬意和感谢。

由于参与校注整理工作的人员较多，水平不一，诸多方面尚未臻完善，希望专家、读者不吝赐教。

国家中医药管理局中医药古籍保护与利用能力建设项目办公室

二〇一四年十二月

许 序

“中医”之名立，迄今不逾百年，所以冠以“中”字者，以别于“洋”与“西”也。慎思之，明辨之，斯名之出，无奈耳，或亦时人不甘泯没而特标其犹在之举也。

前此，祖传医术（今世方称为“学”）绵延数千载，救民无数；华夏屡遭时疫，皆仰之以度困厄。中华民族之未如印第安遭染殖民者所携疾病而族灭者，中医之功也。

医兴则国兴，国强则医强。百年运衰，岂但国土肢解，五千年文明亦不得全，非遭泯灭，即蒙冤扭曲。西方医学以其捷便速效，始则为传教之利器，继则以“科学”之冕畅行于中华。中医虽为内外所夹击，斥之为蒙昧，为伪医，然四亿同胞衣食不保，得获西医之益者甚寡，中医犹为人民之所赖。虽然，中国医学日益陵替，乃不可免，势使之然也。呜呼！覆巢之下安有完卵？

嗣后，国家新生，中医旋即得以重振，与西医并举，探寻结合之路。今也，中华诸多文化，自民俗、礼仪、工艺、戏曲、历史、文学，以至伦理、信仰，皆渐复起，中国医学之兴乃属必然。

迄今中医犹为国家医疗系统之辅，城市尤甚。何哉？盖一则西医赖声、光、电技术而于20世纪发展极速，中医则难见其进。二则国人惊羡西医之“立竿见影”，遂以为其事事胜于中医。然西医已自觉将入绝境：其若干医法正负效应相若，甚或负远逾于正；研究医理者，渐知人乃一整体，心、身非如中世纪所认定为二对立物，且人体亦非宇宙之中心，仅为其一小单位，与宇宙万象万物息息相关。认识至此，其已向中国医学之理念“靠拢”矣，虽彼未必知中国医学何如也。唯其不知中国医理何如，纯由其实践而有所悟，益以证中国之认识人体不为伪，亦不为玄虚。然国人知此趋向者，几人？

国医欲再现宋明清高峰，成国中主流医学，则一须继承，一须创新。继承则必深研原典，激清汰浊，复吸纳西医及我藏、蒙、维、回、苗、彝诸民族医术之精华；创新之道，在于今之科技，既用其器，亦参照其道，反思己之医理，审问之，笃行之，深化之，普及之，于普及中认知人体及环境古今之异，以建成当代国医理论。欲达于斯境，或需百年欤？予恐西医既已醒悟，若加力吸收中医精粹，促中医西医深度结合，形成21世纪之新医学，届时“制高点”将在何方？国人于此转折之机，能不忧虑而奋力乎？

予所谓深研之原典，非指一二习见之书、千古权威之作；就医界整体言之，所传所承自应为医籍之全部。盖后世名医所著，乃其秉诸前人所述，总结终生行医用药经验所得，自当已成今世、后世之要籍。

盛世修典，信然。盖典籍得修，方可言传言承。虽前此50余载已启医籍整理、出版之役，惜旋即中辍。阅20载再兴整理、出版之潮，世所罕见之要籍千余部陆续问世，洋洋大观。

今复有“中医药古籍保护与利用能力建设”之工程，集九省市专家，历经五载，董理出版自唐迄清医籍，都400余种，凡中医之基础医理、伤寒、温病及各科诊治、医案医话、推拿本草，俱涵盖之。

噫！璐既知此，能不胜其悦乎？汇集刻印医籍，自古有之，然孰与今世之盛且精也！自今而后，中国医家及患者，得览斯典，当于前人益敬而畏之矣。中华民族之屡经灾难而益蕃，乃至未来之永续，端赖之也，自今以往岂可不后出转精乎？典籍既蜂出矣，余则有望于来者。

谨序。

第九届、十届全国人大常委会副委员长

許嘉璐

二〇一四年冬

王 序

中医学是中华民族在长期生产生活实践中，在与疾病作斗争中逐步形成并不断丰富发展的医学科学，是中国古代科学的瑰宝，为中华民族的繁衍昌盛作出了巨大贡献，对世界文明进步产生了积极影响。时至今日，中医学作为我国医学的特色和重要医药卫生资源，与西医学相互补充、相互促进、协调发展，共同担负着维护和促进人民健康的任务，已成为我国医药卫生事业的重要特征和显著优势。

中医药古籍在存世的中华古籍中占有相当重要的比重，不仅是中医学术传承数千年最为重要的知识载体，也是中医为中华民族繁衍昌盛发挥重要作用的历史见证。中医药典籍不仅承载着中医的学术经验，而且蕴含着中华民族优秀的思想文化，凝聚着中华民族的聪明智慧，是祖先留给我们的宝贵物质财富和精神财富。加强对中医药古籍的保护与利用，既是中医学发展的需要，也是传承中华文化的迫切要求，更是历史赋予我们的责任。

2010 年，国家中医药管理局启动了中医药古籍保护与利用能力建设项目。这既是传承中医药的重要工程，也是弘扬优秀民族文化的重要举措，不仅能够全面推进中医药的有效继承和创新发展，为维护人民健康作出贡献，也能够彰显中华民族的璀璨文化，为实现中华民族伟大复兴的中国梦作出贡献。

相信这项工作一定能造福当今，嘉惠后世，福泽绵长。

国家卫生和计划生育委员会副主任

国家中医药管理局局长

中华中医药学会会长

二〇一四年十二月

马序

新中国成立以来，党和国家高度重视中医药事业发展，重视古籍的保护、整理和研究工作。自1958年始，国务院先后成立了三届古籍整理出版规划小组，分别由齐燕铭、李一氓、匡亚明担任组长，主持制定了《整理和出版古籍十年规划（1962—1972）》《古籍整理出版规划（1982—1990）》《中国古籍整理出版十年规划和“八五”计划（1991—2000）》等，而第三次规划中医药古籍整理即纳入其中。1982年9月，卫生部下发《1982—1990年中医古籍整理出版规划》，1983年1月，中医古籍整理出版办公室正式成立，保证了中医古籍整理出版规划的实施。2002年2月，《国家古籍整理出版“十五”（2001—2005）重点规划》经新闻出版署和全国古籍整理出版规划领导小组批准，颁布实施。其后，又陆续制定了国家古籍整理出版“十一五”和“十二五”重点规划。国家财政多次立项支持中国中医科学院开展针对性中医药古籍抢救保护工作，文化部在中国中医科学院图书馆专门设立全国唯一的行业古籍保护中心，国家先后投入中医药古籍保护专项经费超过3000万元，影印抢救濒危珍、善、孤本中医古籍1640余种，开展了海外中医古籍目录调研和孤本回归工作。2010年，国家财政部、国家中医药管理局安排国家公共卫生专项资金，设立了"中医药古籍保护与利用能力建设项目"，这是继1982～1986年第一批、第二批重要中医药古籍整理之后的又一次大规模古籍整理工程，重点整理新中国成立后未曾出版的重要古籍，目标是形成并普及规范的通行本、传世本。

为保证项目的顺利实施，项目组特别成立了专家组，承担咨询和技术指导，以及古籍出版之前的审定工作。专家组中的许多成员虽逾古稀之年，但老骥伏枥，孜孜不倦，不仅对项目进行宏观指导和质量把关，更重要的是通过古籍整理，以老带新，言传身教，培养一批中医药古籍整理研究的后备人才，促进了中医药古籍保护和研究机构建设，全面提升了我国中医药古籍保护与利用能力。

作为项目组顾问之一，我深感中医药古籍保护、抢救与整理工作的重要性和紧迫性，也深知传承中医药古籍整理经验任重而道远。令人欣慰的是，在项目实施过程中，我看到了老中青三代的紧密衔接，看到了大家的坚持和努力，看到了年轻一代的成长。相信中医药古籍整理工作的将来会越来越好，中医药学的发展会越来越好。

欣喜之余，以是为序。

中国中医科学院研究员

马继兴

二〇一四年十二月

校注说明

《求嗣指源》系清代永福氏辑，初刻于道光五年（1825）。永福氏，东海人，具体生平不详。本书是由《济阴纂要》《种子妙法》两书辑合而成。其文字浅显易懂，条理清楚，叙述详备，用药精练，所辑求嗣总论、种子妙法等较有特色。

本次整理以中国中医科学院图书馆藏清光绪二十二年丙申（1896）吉林三利泉记刻本为底本，以山东中医药大学图书馆藏抄本为校本，参《济阴纲目》（清雍正刻本）、《幼幼集成》（清乾隆十五年广州登云阁刻本）、《胎产指南》（清咸丰七年四明欧立三堂刻本）、《摄生总要》（清光绪三年石渠阁刻本）、《万氏家传广嗣纪要》（清康熙二年刻本）等医籍进行他校。

关于本次校注整理的几点说明：

1. 原书为繁体竖排，今改为简体横排，按内容分段，并予以标点。

2. 书中的异体字、古字、俗字统一以规范简化字律齐，不出校记。

3. 对个别冷僻字词加以注音和解释。

4. 书中表示上下文的方位词“右”“左”径改为“上”“下”，不出校记。

5. 底本“济阴纂要方”下有“苕城钱峻青抡编辑，乌程沈秉均予平参订”，今删去。

6. 底本中的两篇“《种子妙法》原序”位于“二集”之前，今移至文前。

7. 底本目录过于简单，为阅读方便，今据正文提取目录，置于文前。

8. 底本正文中的“初集”“二集”之前有“求嗣指源”四字，今统一删去。

9. 因历史条件所限，本书内容存在不科学、荒诞不经或封建迷信的内容，但为保持古籍原貌，仍予以保留。读者鉴之。

自序

余因获子颇晚，故每讲求广嗣之术。己卯秋，回浙省墓，道出清江，小住旬余。一日，旅馆中偶得《济阴纂要》一书，系苕城①钱青抡②先生辑自《济阴纲目》者。其所载求嗣总论、调经大法，并经验诸方，洵③属简、善、明、确。随携至苏郡，附刊《福善编》济世矣。兹乙酉冬至后八日，在古羊搉署④复得《种子妙法》，议论与前书吻合，备详奥妙，直指源头，非特为求嗣者之捷径，亦可为保身之真诀焉。余于公余将二集纂成一部，颜其书曰《求嗣指源》，使世之艰于嗣续之君子见之喜溢眉梢，野歌得宝。即新婚燕尔、青年获子之君子见之，亦当为之节欲修身也哉。是为序。

时道光五年岁次乙酉季冬既望东海永福氏自题

---

① 苕城：湖州古称。

② 钱青抡：钱峻，字青抡，清初医家，浙江吴兴人。

③ 洵：实在。

④ 搉署：榷关公署，征收关税的机构。搉，同“榷”。

序

《易》曰：男女构精，万物化生。此先天自然之理，无事外求也。自世有种子诸方出，动皆壮阳酷烈之品，销烁真精，嗣或缘是而斩。有干天和①，害烈甚焉，识者慨之。而经生家言，又以修德昌后为本，人皆目为迂阔，闻而厌生。余于道光丁酉得此书，藏诸行箧，未悉其奥。近偶翻阅，喜其言近旨远，能补造化之偏而悉归于正，且与余生平之节嗜欲、慎起居有暗合者。余三子已成立，幸无痘疹、夭疠②之惨，益信是书所言，洵非无据。因思福善祸淫之理，为下等人说法，明白易晓。而人身阴阳秉赋，疾病丛之，惟究其致疾之由，示以率循之准③，庶可举海上方、房中丹诸药，一举而空④之。俾少壮衰老胥⑤有螽斯⑥之庆，是亦寿世寿人之一助也。今余日望抱孙，未敢自秘，亟⑦广其传，并赘数诸子简首。

时同治七年岁次戊辰季冬既望叶赫明薪月舫氏题

---

① 天和：天地和气。
② 夭疠：疫病，瘟病。
③ 率循之准：应遵循的准则。率循，遵循、依循。
④ 空：罄尽。
⑤ 胥：皆，都，全部。
⑥ 螽（zhōng 中）斯：俗称蝈蝈。其产卵极多，旧时用于祝颂子孙众多。
⑦ 亟（jí 急）：急迫，迫切。

《种子妙法》原序一

此书余在保阳柏台署①中时，为冯方贤先生所授，藏之既久，抄录甚众，所授者均获有嗣续。阅五载，道赴山右②，相识家多珍藏焉。捡诵一过，觉辞详意达，不惟为求嗣妙奥之旨，而于持躬修省更有俾益，贻厥孙谋③之训，无有出其右者。是以什袭④行笥⑤，转相授受，无不立应如响。第未能广为录送耳，今特传此书。倘无子者见之，即当力行善事，常存戒杀放生之心，时行救济贫艰之愿，遏淫邪，慎过愆，能安分则鬼神不怒，能修持则造化无摧⑥。更宜广播传流，公诸海内，与仁人乐善之君子，庆继继绳绳⑦之福云。

时乾隆二十九年甲申仲春月北平竹村题

---

① 保阳柏台署：或指保定按察使司。保阳，河北保定的代称。柏台，清时按察使的别称。

② 山右：原作“山各”，据后序“余赴晋省”改。山右为山西省旧时别称。

③ 贻厥孙谋：为子孙的将来做好安排。

④ 什袭：指把物品一层一层地包裹起来，以示珍贵。

⑤ 行笥（sì 饲）：出行时所带的箱笼。

⑥ 摧：敲击，引申为伤害。

⑦ 继继绳绳：指前后相承，延续不断。

《种子妙法》原序二

按：此书余在保阳柏台署中时，冯方贤先生所授，藏之久矣。余甚不留意，因友人抄去一本，凡授者数十人，皆生有嗣续焉。又五载，余赴晋省，沿途相识之家每见此书，末页均注余同友人名姓，是以追求。始知抄授于人者，皆吾友之力也。嗣余回家，原书幸无遗失，俯读一遍，遂达其妙。故携在身傍，每逢乏嗣者，即谨缮一部授之。后二年，所授之家皆有子也。惜乎未能广送于人。或曰：恐失德者不能见耳，积善之家无心中竟能见授，其非天道之报应乎？今特传此书，望无子之人见书后，即当力行善事，常存放生戒杀之心，救济贫苦，悯恤孤寡，勿淫人之妻女，勿谈人之过愆。能改过，天地不怒；能安分，鬼神无权。不但生子，且能获福。第此书虽有子之君子见之，更宜录送，勿谓吾已有子，应用此书不着，罪莫大焉。如能抄授者，功德广大，子孙繁衍，富贵报之。今叙大略，文理浅近，使人易晓。倘仁人君子，乐善刊送，施必获福无量。并经验诸方附后，如有奇方请列于下，同行善事云。

时乾隆二十九年甲申仲春月北平竹村题

目录

初　集

济阴纂要方

论调经大法

方氏[①]曰：妇人经病，有月候不调者，有月候不通者，然不调不通之中，有兼疼痛者，有兼发热者，此分而为四也。然四者若细推之，不调之中，有趱前[②]者，有退后者，则趱前为热，退后为虚也。不通之中，有血滞者，有血枯者，则血滞宜破，血枯宜补也。疼痛之中，有常时作痛者，有经前经后作痛者，则常时与经前为血积，经后为血虚也。发热之中，有常时发热者，有经行发热者，则常时为血虚有积，经行为血虚有热也。此又分而为八焉。大抵妇人经病，内因忧思忿怒，外因饮冷形寒。盖人之气血周流，忽因忧思忿怒之所触，则郁结不行；人之经前产后，忽遇饮冷形寒，则寒露不尽。此经候不调不通、作痛发热之所由也。大抵气行血行，气止血止。故治血病以行气为先，香附之类是也。

调经通用诸方

妇人百病，不出四物汤加减，其他一切诸方皆不

---

① 方氏：指明代医学家方广，字约之，号古庵，新安休宁（今安徽省休宁县）人，著有《古庵药鉴》《丹溪心法附余》等。

② 趱（zǎn 攒）前：提前。

及也。

四物汤

治妇人冲任虚损，月水不调，经病或前或后，或多或少，或脐腹疼痛，或腰足中痛，或崩中漏下及胎前产后诸症。常服益荣卫，滋气血。若有他病，随病加减。

当归利血和血，刺痛如刀割，非此不能除　芍药和血理脾，腹中虚痛，非此不能除，酒炒　熟地补血，如脐痛，非此不能除，酒洗　川芎治风，泄肝木，血虚头痛，非此不能除

春倍川芎，夏倍芍药，秋倍地黄，冬倍当归。每服四钱，煎服。

若经行，脐腹绞痛者，血涩也，加元胡索、楝子碎，炒焦、木香、槟榔。

经水如黑豆汁者，加黄芩、黄连。

经水过多，别无余症，宜黄芩六合汤，四物汤加黄芩、白术等分。

经水淋漓不断，加干姜、莲房炒①入药。

血崩者，加生地、蒲黄。

赤白带下，宜香桂六合汤，四物加桂枝、香附，各减半。

经水先期而来，是有热也，宜凉血，加黄柏、知母、条芩、黄连、阿胶、艾叶、香附、甘草各一钱。

过期不行，乃血虚气滞之故，当补血行气，加香附、红花、桃仁泥、蓬莪术各七分，木通、甘草、肉桂各

① 炒：原为“妙”，据抄本改。

减半。

经血凝滞，腹内血气作痛，加广茂①、官桂等分。王石肤云：熟地黄滞血，安能止痛，不若以五灵脂代之。

月经久闭，加肉桂、甘草、黄芪、姜黄、枣子、木通、红花。

月水不通，加野苎根、牛膝、红花、苏木，酒水同煎。

血气不调，加吴茱萸等分，甘草减半。

诸虚不足，加香附子炒。

月水不断，加白术、黄芩、阿胶、蒲黄、柏叶各七分，香附一钱，砂仁、甘草各五分，姜三片。

经水将来作痛者，气滞也，加川连、香附、桃仁、红花、元胡索、丹皮、莪术。

九味香附丸

治妇人百病皆宜。

香附童便浸一夕，再用醋煮，晒干，炒，四两　白术二两　陈皮去白，一两　黄芩酒炒　芍药　当归　川芎　生地俱酒洗，各一两五钱　小茴炒，五钱

上研末，醋和丸，如桐子大，空心送八九十丸，神妙无比。

当归散

治月经壅滞，脐腹疼痛。

当归　元胡索等分

---

① 广茂：莪术的别称。

研粗末，每服三钱，加生姜三片，水煎服。

经验方

治妇人脐腹疼痛，不省人事。只一服立止。人不知者，云是心气痛，误矣。

木通去皮　芍药炒　五灵脂炒，各等分

㕮咀，每服五钱，醋水各半盏，煎七分，温服。

四制香附丸

治妇人女子经候不调。

香附子擦①去皮，一斤，分作四分，好酒浸一分，盐水浸一分，童便浸一分，醋浸一分，各三日，焙干

上为细末，醋糊丸，如桐子大，每服七十丸，空心食前盐酒送下。如有热者，加条芩。香附子，血中之气药也。开郁行气而血自调，何病不瘳？妇人宜常服之。如配四物汤更佳。

十味香附丸

治妇人经候不调，绝妙好方。

香附四制，一斤　当归　川芎　白芍炒，各四两　熟地四两　泽兰叶　白术　陈皮各二两　甘草炙　黄柏盐水炒，各一两

研末，醋糊丸，如桐子大，每服七十丸，空心盐汤送下。

七沸汤

治荣卫虚，经水愆期，或多或少，腹痛。一云阴胜阳，月候少者，服此。

当归　川芎　白芍　熟地　川姜　蓬莪术　木香各等分

① 擦：原作"檫"，据《济阴纲目·调经门》改。

每服四钱，水一盏，煎至八分，温服。

求　嗣

求嗣总论

《易》曰：一阴一阳之为道。男女构精，万物化生。乾道成男，坤道成女。此盖言男女生生之机，亦惟阴阳造化之良能耳。昔褚澄①言：血先至裹精则生男，精先至裹血则生女。阴阳均，非男非女之身；精血散分，骈胎②品胎③之兆。《道藏经》言：月水止后一、三、五日成男，二、四、六日成女。李东垣言：血海始净一、二日成男，三、四、五日成女。《圣济》④ 言：因气而左动，阳资之则成男；因气而右动，阴资之则成女。夫褚氏以精血之先后言，《道藏》以日数之奇偶言，东垣以女血之盈亏言，《圣济》、丹溪以子宫之左右言，各执一见，贵在乎会而观之，理自得矣。大要当从之氐⑤，《圣济》、丹溪主经血先至与子宫左右之说，为千古之定论也。

汤仲简曰：古者妇人有孕，即居侧室，不共夫寝。若有孕而犯之，三月以前常致动胎小产。三月以后犯之，一则胞衣太⑥厚而难产，再则子身多白浊物而不寿，三则子出胎即多疮毒，出痘多细密难起，以致夭亡。皆由父母欲

---

① 褚澄：原作“诸澄”，因后文有“褚氏”，另考褚澄，字彦道，阳翟（今河南禹州）人，南齐官员，善医术，据改。

② 骈胎：双胎。

③ 品胎：一孕三胎。

④ 圣济：指《圣济经》。

⑤ 氐（dǐ抵）：本也。

⑥ 太：原作“大”，据抄本、《幼幼集成》卷一改。

火所结，可悲也。

《畜德录》[1] 曰：世人无不急于生子，亦知生子之道，精气交媾，溶液成胎。故少欲之人恒多子，且易育，气固而精凝也；多欲之人恒艰子，且易夭，气泄而精薄也。譬之酿酒然，斗米下斗水，则浓酽且耐久，其质全也；斗米倍下水，则淡；三倍四倍，则酒非酒，水非水矣，其真元少也。今人夜夜淫纵，遍御妾婢，精气妄泄，邪火上升，邪火愈炽，真阳愈枯，安能成胎。即侥幸获子，亦不能育，或殇于痘，或殇于惊。痘者，热毒；惊者，热风。毒者，父母之真精不足；风者，父母之真气不固也。

《种子要诀》云：种子法有二。一曰尽人力，在"清心寡欲"四字。寡欲则精壮气实，结胎有基。但肾水生智，若劳心焦思，则肾伤矣。艰子嗣者，半为少年过欲伤肾所致。犹复多遘妾婢，广服丹药，致热药内伤脏腑，渔色外役精神，甚至损身，深可痛惜。一曰回天意，在"积德存仁"四字。博爱之谓仁，即不忍人之心也。时行方便，广积阴功，生机自然充溢。犹天地气候闭藏，一遇阳春，靡不生育。盖仁心如桃李瓜果之仁，若无核中之仁，虽种腴壤，何能生发？古诗有云：人生无后实堪伤，谁识仙翁有秘方。只在心田存一点，管教兰桂满庭芳。

---

① 畜德录：原作"畜德银"，考《畜德录》二十卷，清·席启图撰，据改。该书取周秦以来至元明年间嘉言善行，分为二十一类，间附批评。书名取《易·大畜象传》"君子多识前言往行以畜其德"之义。席启图，字文舆，震泽（今江苏吴江）人，官至内阁中书舍人。

陈成卿[1]曰：夫妇正也，然亦贵有节。若云正色非淫，家酿不可醉乎？且终身疾病，恒从初婚时起。年少兴高力旺，恣情无度，便成劳怯，甚者夭亡，累妻孀居。当思百年姻眷，终身相偶，何苦从数月内种却一生祸根。前辈遇子孙将婚，必谆谆以此戒之。

古人云：夏季是人脱精神之时，心旺肾衰，液化为水，不问老幼，皆食暖物，独宿养阴。

沙邱子曰：炼精以化气者，上也；保精以育气者，次也；惜精以留气者，又其次也；损精以耗气，民斯为下矣。夫轻生迷本，乱性荡心，以致疾病夭阏[2]，悔何及焉。故求寿莫若省欲。董江都[3]云：寿者，酬也。寿有短长，由养有得失。自行可久之道者，其寿酬于可久；自行不可久之道者，其寿酬于不可久。

种子诸方[4]

加味四物汤

治血气两虚不孕。

当归酒炒　白芍炒　肉苁蓉五分　川芎　熟地　白术　茯苓各一钱　人参五分，如无人参，以党参酌加代之

每月经前三服，经正三服，经后三服。

---

① 陈成卿：又作“陈明卿”，清代文人，著有《劝戒全书》。此处引文出自“窒欲”一节。

② 夭阏（è遏）：夭亡，夭折，亦作“夭遏”。

③ 董江都：指西汉董仲舒，因其曾任江都王相十年，故有此号。

④ 种子诸方：原无，据原书目录补。

归附丸

不但种子，且无小产、产后诸症。

香附砂锅内醋煮熟，水洗，焙末，一斤　当归身酒洗，焙末，十两　鹿角刮去粗皮，为末，三两，绵纸垫铁锅内，火炒，末，二两

上和匀，醋为丸，每服三钱，早晚各一服，白汤下。一月后入房即孕。

金莲种子仙方

一名梦熊丸，有小茴二两，无熟地。服之立孕，神效。

熟地　川芎　白芍酒洗　益母草　苍术各三两　条芩　蛇床子　覆盆子　元胡索各炒　丹参　陈皮各二两，去白　香附四制　山茱萸各五两，酒浸　砂仁一两五钱

上研末，用乌骨鸡一只，缉死，干去毛，剖开去肠内污物，用酒洗净，一应物件仍装入鸡肚内，不令见水。置坛内，入酒三斤封固，重汤①煮烂，取出割下净肉，捣如泥，仍将鸡骨酒炙，炼为末，同原汁入前药末内拌匀，再用醋煮米糊，同鸡肉捣细为丸，如桐②子大。每服四五十丸，渐加至八九十丸，空心清米汤送下。

如月信先期而至，加黄芩、地骨皮、黄连各一两五钱。

月信后期而至，加黄芪一两，党参、白术各一两五钱，酒送下。

---

① 重汤：隔水蒸煮。

② 桐：抄本作“梧”。

白带，加苍术、白术、升麻、白芷各一两五钱。

调经种玉汤

凡妇人无子，多因七情所伤，致使血衰气盛，经水不调，或前或后，或多或少，或色淡如水，或紫如血块，或崩漏带下，又或肚腹疼痛，或子宫虚冷不能受孕。服此药神效无比，仙方也。

当归酒洗　川芎各四钱　熟地酒洗　香附各六钱，炒　吴茱萸四钱　白芍　茯苓　陈皮　丹皮各三钱　元胡索二钱

上作四剂，每剂加生姜三片，水一碗半，煎一碗，空心服，渣再煎，临卧服。待经行之日服起，一日一剂①，药尽经止，则当交媾，即成孕矣。不效，俟后日经来，再服四剂，必孕。

若过期而经水色淡，加官桂炒、干姜、熟艾各二钱。

若先期三五日，色紫，加条芩三钱。

百子归附丸

调经养血，安胎顺气，胎前产后，及月事参差，有余不足，诸证悉治，久服有孕。

香附四制，十二两　阿胶碎，炒　艾叶　当归　熟地俱酒洗　芍药炒　川芎各二两

上为用陈石榴一枚，连皮捣碎，煎水打糊丸，如桐子大，每服百丸，空心淡醋汤下。

当归泽兰丸

治妇人经脉不调，赤白带下，久无子者。此方平②而当

---

① 一日一剂：原作“一月一剂”，据抄本、《济阴纲目·求子门》改。

② 平：原作“乎”，据抄本、《济阴纲目·赤白带下门》改。

理，亦可为调经圣药，宗之。

当归酒浸　白芍　川芎　熟地酒洗　生地各二两　泽兰叶　艾叶　白术各一两五钱　黄芩二两　香附子用极大，杵去毛，一斤，分作四分，童便浸一分，酒浸一分，米泔浸一分，醋浸一分，各浸一宿，取出晒干

上研末，醋为丸，如赤小豆大，每服六十丸，每早空心白汤或酒下。补气调血，强腰益肾，温燥不偏，与气虚白带相宜，乃补塞中气之法。

神仙附益丸

治妇人百病，生育之功如神。胎前产后俱服，神妙药。又不贵而功效倍常，真仙方也，宜常服之。

香附一斤，童便浸透，水洗净，露一宿，晒干，再如此三次用之

益母草十二两洗，烘为末

上再加香附四两，艾叶一两，煮汁，加醋大半，共糊丸，每服百丸，空心下。

安胎饮

凡胎气不安，或腹微痛，或腰痛，或饮食不甘，俱宜服之，或至五六个月，常服数剂最妙。

人参五分，如无人参，以党参酌加代之　白术炒　当归炒　条芩炒　紫苏各一钱　砂仁炒　香附炒，各五分　白芍炒七分　川芎八分　陈皮五分　甘草三分

如腹痛，倍加芍药；内热口渴，去砂仁，加麦冬一钱；见血，加地榆醋炒，一钱，生地一钱；腰痛，加杜仲盐水炒，断丝、续断各一钱。

千金保胎丸

凡妇人受孕，终三月而胎堕者，虽气血不足，乃中冲

脉有伤。中冲脉，即阳明胃经，供应胎孕。至此时，必须节饮食，绝欲戒怒，庶免小产之患。服此可以保全。

白术土炒　熟地　杜仲俱姜汁炒，各四两　阿胶蛤粉炒　香附末[①]四制　当归　续断俱酒洗　益母草各二两　条芩炒，二两　陈皮　川芎　艾叶各一两　砂仁炒，五钱

共研末，枣肉为丸，空心，每服二钱[②]。

保胎种子丸

益母草半斤　川芎　广木香各一两

研末，蜜丸如桐子大，每服五十丸，用煮酒或童便送下，早晨服之，百日内保有胎孕，其效如神。

① 香附末：抄本亦作“香附末”，《济阴纲目·胎前门》作“香附米”。

② 每服二钱：抄本亦作“每服二钱”，《济阴纲目·胎前门》作“每服百丸”。

二　集

种子妙法

第一

种子法

大凡乏嗣者，其故有三。一曰男子阳气不足，所以不能施为；二曰女子血气虚损，不能受胎；三曰子息迟晚，譬三月桃花，中秋丹桂，各待其时。然则将何法治之？夫人之获子，犹树之开花，必先栽培其根本，滋润其枝芽，则可转枯为荣，转迟为早。诗云：永言配命，自求多福。福既可求，子嗣亦可祈焉，明矣。故劝世之艰于子嗣者，亟宜内修身心，外修德行，日久自然获福。尤当禁戒嗜欲，保养精神，待男子元气充足，女子月事调对，方可届期种子。故曰：以实投虚，是谓及时。唯择女性温和者为之配合，不但得子，必产石麟①矣。岐伯曰：女子二七②而天癸至，任脉通，太冲脉盛，月事随时而下。所以为之月事者，乃和平之气，常以三旬一见，以象月盈则亏也。若遇经脉行时，最宜调养。调养失宜，与产后受病一般，轻为宿疾，重则死矣，可不畏哉。经行之时若被惊，则血气错乱。经逆于上者，血从口鼻中出；逆于身，则为血分痨

① 石麟：旧指天资聪颖的男孩。

② 女子二七：原作“女子二八”，据《黄帝内经素问·上古天真论》改。

瘵等症。若恚怒，则气血逆于腰腿背肋之间，遇经行则疼痛不已，过期始安。一遇风寒，变症百出。故妇人调经，最要慎喜怒、少忧虑、戒骄妒、和性情、调饮食，则血气和平，百病不生，而后孕育成矣。

诀曰：何为种子法，经里问根由。昨日红花谢，今朝是对周。蓝田种白玉[①]，子午叙绸缪。三五成丹桂，二四白梅抽。

大凡受胎者，皆在妇人经行后一、三、五日交合，则受胎成男；二、四、六日交合则受胎成女。此六日不能成胎者，俟经绝一日后，曰对周。人之元气起于子，胎气在巳，泊乎午，所以种子者宜在子午时，易于受胎也。

诀曰：玉湖须浅泛，重载却成忧。阴血先添聚，阳精宜后流。血开含玉露，平步到瀛洲。

男女会合，精血交感，浅则阴血易聚，深则阳精易耗。须阴血先，阳精后冲，血开裹精，阳内阴外，是为阴包阳，则男形成矣；若阳精先泄，阴血后来，则精开包血，是为阳外阴内，女胎成矣。

诀曰：从斯暂别去，牛女隔河游。二月花无发，方知喜气优。

凡妇人经后六日，种子既毕，宜禁淫欲，恐伤胎气，故曰暂别。花不发者，为之有孕，乃第二个月经水不来也。夫至精才化，一气方凝，始受胎气，渐成形质。子在

---

① 蓝田种白玉：原作“对周种白玉”，据《广嗣纪要·卷之五》改。“蓝田种玉”原指遇仙获助而成家立业，后喻男女姻缘或两家通婚。今多指使女性受孕。

腹内，随母听闻，此后须行坐端严，性情和悦，常处静室，多听美言。令人讲说诗书，不听非言，不视恶色，则生子贤明、敦厚、多福，否则愚顽、不寿，此因外感所致也。

种子歌诀

三十时辰两日半，二十八九君须算。落红将尽是佳期，金水过时徒霍乱。徒霍乱兮枉用功，树头树尾觅残红。有人能解真妙法，莫愁后代继前宗。

解曰：每日十二时辰，两日半总共三十个时辰。盖妇人月信来止两日半，譬如初一日子时月信来，数至初三日巳时是也，当此算之，落红将尽，乃是月信行至二十八九个时辰也。佳期者，交姤也，盖此时子宫开而纳精也。金水者，月信也，若过此时，而不纳也。

诀曰：洞里桃源何处寻，却来一寸二分深。交欢之际君须记，过却区区枉用心。

洞里者，玉门也。桃源者，子宫也，在玉门内一寸二分深，泄精不可深入，如精泄他处，胎不结而子难成，是区区无益也。若值桃源，定受胎也。

他虚我实效乾坤，以实投虚是真的，总之二人宜寡欲，佳期相值始相亲。

男寡欲则实，女寡欲则虚。实阳能入虚阴，谓男子阳精充实，适值女人血海虚静，子宫正开，与之交合，是谓投虚，一举而成胎矣。故曰前三日新血未足，血开包精，是谓男胎；后三日新血渐长，血胜其精，精开包血，多是女胎。

古今此法少人知，别是天机一段奇。寄语世间无嗣者，生男生女定无疑。要知产育生儿法，依向家园下种时。

此法明白浅近，实非矫揉。庸夫俗子无意为之，偶然自合之妙，亦有幸中者。不若得此书而敬援之，直指其源，更为的确。凡结胎者，男女精血也。男属阳而象乾，乾道资始；女属阴而象坤，坤道资生。阳主动故能施为，阴主静故能承受。夫动静相参，阴阳相会，必得其时，乃成胎孕。欲求子嗣者，全在经尽后三日内交合，如俯首拾芥。斯时男无暴怒，无醉饱，勿食煎炒并牛羊兔肉。须阴阳和平，精血和畅，交合成孕，孕而必育，育而必寿。至真切要，在此数语，然尤当研究。男子十六而精通，必三十而娶；女子十四而天癸至，必二十而嫁。皆为阴阳充实。或精未通而动女子，经始至而近男子，未完而伤，未实而动，根本既薄，枝叶必伤，嗣续其能蕃衍乎？先儒尝言：寡欲多男子，因不妄交故耳。

第二

种子吉辰歌

种子须当择吉辰，要知旺相说原因。冬求癸亥兼甲子①，秋逢辛酉及庚金。夏取丙丁②与丙巳③，春宜乙卯和甲寅。此宿若然同际会，何愁种子不生成。

---

① 甲子：《摄生总要》作“壬子“。
② 丙丁：《摄生总要》作“丙午”。
③ 丙巳：《摄生总要》作“丁巳”。

种子最忌歌

朔望弦晦及丙丁，本身甲子与庚申。人神每月二十八，狂风暴雨怒雷霆。地震与天虹出现，日月无光蚀未明。劝君此际休种子，免教子母祸胎生。

又忌歌

天地三光及火光，更兼神佛在边旁。井窖厕边坟墓侧，若然种子便罹殃。

男虚歌

男子气虚难有子，急宜早访补虚方。七十庆云皆可觅，调和一剂定充阳。

女虚歌

血衰气旺定无子，致令经来生百证。趋前移后没停当，参桂丹丸须修整。乌鸡丹法妙通灵，冷者当归蒸无应。又言四物固真尤，冷热不调皆可进。

宜补过

计功谋和享荣华，终日孜孜不放些。暗里害人终害己，分明报应定无[1]差。机关使尽还成拙，世事轮回似转车。早积阴功与子息，当知救雀[2]与埋蛇。

第三

续嗣丹

乃异僧所授。

此方专治妇人五脏虚，子宫冷，不能受胎，及寒热往

① 无：原脱，据抄本补。

② 救雀：黄雀报，指感恩图报。典出《搜神记》卷二十。

来，诸虚百损；并治男子肾亏，阳物不起；一切虚症，男妇老幼并治之。

当归　乌药　益智仁　石菖蒲　杜仲　吴茱萸各二两五钱　茯神　牛膝　秦艽　细辛　桔梗　半夏　防风　白芍各三钱　干姜一两，生用五钱，熟用五钱　川椒焙二两　附子一个，重一两。作一窍，入朱砂一钱，用湿面包好，火煨熟，为末　牡蛎一两

童便入浸四十九日，外用硫黄末一两，醋盐涂，用纸包在一处，炭炙，入米醋湿之，晒干，连前药共为细末，用糯米糊为丸，如桐子大，每服三十丸，每日加上五丸，渐渐加至七十丸，早晚用淡盐汤服，立效。

又续嗣仙方

昔日庞丞相夫人，三十九岁无子，服此方半个月有孕，接踵得有九子。此药大补男妇诸虚之症，立效。

吴茱萸　白及　白蔹　白茯苓各一两　陈皮一两　细辛五钱　桂心　五味子各四钱　白附子炒　厚朴姜汁炒　当归　川牛膝　乳香　人参各三钱，如无人参，用党参三两可以代人参三钱

上为细末，宜壬子日修合，炼蜜丸，如桐子大，每服十五丸，空心黄酒送下。俟妇人月经尽后，每日早、午、晚连服三服，有孕后则不必服药也。

种子方

明净鱼鳔胶二斤，切碎，炒成珠，或蛤粉炒，或陈壁土炒亦可　大附子一个，要重一两，拣①顶平正，无旁枝者，分四块，童便煨烂，或大姜片同好醋煮，亦可切片晒干为末　全当归四两，酒洗，要极大者，切片

① 拣：原为"栋"，据文义改。

炒　沙苑蒺藜四两，水洗净，酒炒，其色碧绿者佳，用布袋盛，醋煮极烂，晒干为末

上药四味，研细末，炼蜜丸，如桐子大，每日空心黄酒送下。如不能成丸，切碎，用水蒸，捶可成丸。

又种子方

此方未曾用过，不知效否。

枸杞一斤　白果一斤，生用半斤，熟用半斤　茯苓半斤，研粉

捣烂，老米糊为丸，如桐子大，初服六七十丸，三日后百丸，白汤下。

回春散

治男妇阴冷如冰不能生养，如神。

一钱白矾八分丹，二钱胡椒一处研，焰硝一分共四味，好醋调和手内摊，男左女右合阴处，浑身汗出湿衣衫，此方屡用通神效，不义之人不可传。

第四

百补丸

系松柏道人所授。

治男妇诸虚百损之药，不过于此方也。

大熟地酒洗，忌铁器　黄柏酒洗　枸杞　当归　桑白皮面炒　五味子各一两　天门冬忌铁器　麦冬　人参各五钱，如无人参，以党参三两代之　白术一两　白芍酒洗　川芎　陈皮去白　川连姜炒，各五钱　枳壳酒洗，五钱　生地四两，取汁，忌铁器　甘草五分

上为细末，将生地汁入好酒少许，面糊为丸。如假[①]，

① 假（jiǎ 甲）：给予。

俟妇人月信干净，在子时前，将药取出，检有印处剪下，烧为灰末，井水调服，然后交接，妇人必定有孕。再用转女成男法，以弓弦系腰，身上佩戴雄黄一二两，百不失一。此书本之黄帝，秘在归安道秀江先生处，在济南授之，望仁人君子广为传授也。

保身延嗣戒期

《庚申论》曰：古人多尽天数，今人不尽天年。只因肆情纵欲，暗犯禁忌故耳。兹特录出，惜命之士当谨守之。

正月初一日：天腊，玉帝校世人禄，命犯色欲，削禄夺纪。

初三日：万神都会，犯者夺纪。

初七日：上会。

初九日：玉帝诞。

十四、十五、十六日：王元下界，犯者减寿。

二十五日：月晦，犯者减寿，每月同。

二十八日：人神在阴，犯者恶疾，每月同。

三十日：皂君奏事，犯者减寿，每月同。如月小即戒二十九。

二月初一日、十五日：犯者夺纪，每月同。

初三日：文昌圣诞，万神都会。

十八日：至圣先师孔子讳辰，犯者削禄夺纪。

十九日：观音大士诞，犯者夺纪。

三月初三日：玄天上帝诞，犯者夺纪。

初九日：牛鬼神出，犯者产恶胎。

二十八日：东岳大帝诞，犯者夺纪。

四月初四日：万神善化，犯者失音。

初八日：善恶童子降，犯者血死。

十四日：吕祖诞。

五月初五日：地腊，玉帝考校生人官爵，犯者削禄夺纪，宜戒。

初六、初七、十五、十六、十七、二十五、二十六、二十七日：连初五日名九毒日，犯者夭亡十五日；子时犯者，男女三年内俱亡。十六日，为天地万物造化之辰，更宜忌戒。

六月二十三日：关帝圣诞。

二十四日：雷祖诞。

七月初七日：道德腊，玉帝校生人善恶。

十五日：地官校籍，犯者夺纪。

十九日：太岁诞。

八月初三日：皂神诞，北斗诞，犯者夺纪。

十五日：太阴朝元。

三十日：诸神考校。

九月初九日：斗母诞，犯者夺纪。

十七日：金龙四大王诞。

十月初一日：民岁腊。

初五日：下会。

初六日：天曹考察。

初十日：西天王降，犯者暴亡。

十五日：水府校籍，犯者夺纪。

二十七日：北极紫微大帝诞。

十一月十一日：太乙救苦天尊诞。

十二月初七日：犯者恶疾。

初八日：腊日。

初旬戊日：名王侯腊。

二十日：天地交道，犯者夺纪。

二十四日：司命上奏善恶。

二十五日：上帝下界考察。

除夕：诸神考察，犯者夺纪。凡人生百日名一算，人寿十二年名一纪。

二至日：夏至一阴生，冬至一阳生，乃阴阳相争，死生分判之时，各宜半月绝欲，则一年无疾；若冬至半夜子时并冬至后庚辛日、第三戌日犯之，一年内亡。

二分日：春分雷将发生，犯者生子五官四肢不全，父母有灾。秋分则杀气浸盛，阳气日衰，前后数日俱宜戒。

四立、二分、二至、社日、四离、四绝日：犯之减寿四年。

三伏、弦日、晦日、庚申、甲子、父母本命年诞忌日：犯之减寿四年。

丙丁日：犯之得疾。

烈风、暴雨、日月薄蚀：犯之损寿，产恶胎。

白昼、星月、灯光之下：犯之减寿。

酷暑严寒：犯之得重疾。

庙寺之中，井窖、坑厕、冢墓、尸柩之旁：犯之恶人降胎。

郁怒：大怒伤肝。

醉人入房：五脏反覆[①]。

远行：行房百里者病，百里行房者死。

病后：犯之变症。

胎前：犯之伤胎。

产后：百日内犯之，妇病。

天癸来时：男女俱病。

陈抟[②]曰：上士异室，中士异床，下士异被。守此戒期者，非异室、异床不可。

乐善君子发愿印施，或三五十部，或二三百部，或一二千部，则辗转流通，迭相化导，庶几人人同介眉寿[③]，协梦熊罴[④]，岂不大快也哉。印施诸公芳名列下：

钦命头品顶戴督办吉林边务事宜镇守吉林等处地方将军兼理打牲乌拉拣选官员等事恩特赫恩巴图鲁长[⑤]重刻。[⑥]

① 反覆：原作"歹覆"，据抄本改。

② 陈抟：字图南，号扶摇子，赐号希夷先生，五代宋初著名道教学者、隐士。

③ 同介眉寿：共同祀求长寿。语出《诗经·豳风·七月》："八月剥枣，十月获稻。为此春酒，以介眉寿。"

④ 协梦熊罴：共同祀求添丁。语出《诗·小雅·斯干》："吉梦维何？维熊维罴。"又："大人占之，维熊维罴，男子之祥。"郑玄笺："熊罴在山，阳之祥也，故为生男。"

⑤ 长：此字后疑脱"顺"字。考《各民族共创中华·东北内蒙卷》中有记载时任吉林将军的恩特赫恩巴图鲁，号者为长顺。

⑥ 重刻：据"芳名列下"判断，"印施诸公"并非一人，疑后有缺页。

校注后记

一、《求嗣指源》的作者生平及版本考证

《求嗣指源》为东海永福氏辑。永福氏，据《江苏艺文志》所述为“清东海人”，具体生平不详。本书清道光五年（1825）序中，讲述了永福氏刊刻此书的缘由经过，其在清江旅馆中偶得钱峻所辑《济阴纂要》一书，后复得《种子妙法》，为使世之不孕不育之人得嗣，将二者加以编纂，刻成一部，取名《求嗣指源》。故《求嗣指源》为永福氏辑，成书年代当为清道光五年（1825），《中国中医古籍总目》认为本书为清代医家钱峻所撰当属有误。

《求嗣指源》现存版本有中国中医科学院图书馆藏清光绪二十二年丙申（1896）吉林三利泉记刻本及山东中医药大学图书馆藏抄本，具体特征如下：

项目	单元	版本1	版本2
初始信息	收藏单位	中国中医科学院图书馆	山东中医药大学图书馆
	索书号		14. 12. 63. 3
分类	四部分类	子/医家	子/医家
	医籍分类		

续表

项目	单元	版本 1	版本 2
书名著者	书名	求嗣指源	求嗣指源
	卷数	不分卷，二集	不分卷，二集
	朝代/国别	清	
	著者名称	永福氏	
	著作方式	刻	
	存卷数		
	存卷次		
	补配情况		
	所属丛书		
版本	版本时代	清	
	出版者名称		
	出版地		
	版本类型	刻本	抄本
	藏版	吉林大东门里路南三利泉记	
	牌记位置		
	牌记内容	板存吉林大东门里路南三利泉记	
版式	版框		
	分栏	无	无
	半叶行数	八行	十行
	每行字数	二十字	十九至二十四字不等
	双行小字字数		
	书口	灰口	
	边栏	四周双边，文武边，外粗里细	
	鱼尾	单鱼尾，上鱼尾	
	版心内容	书名、页数	
	有无书耳	无	无

续表

项目	单元	版本 1	版本 2
装帧	装帧形式	线装	线装
	开本		25cm×17cm
	册件数及单位	二集	二集
	册件数说明	一册	一册
其他	题跋附注	无	扉页有“悦堂手志”
	刻工附注	无	无
	钤印附注	中医研究院图书馆藏	山东中医学院图书馆

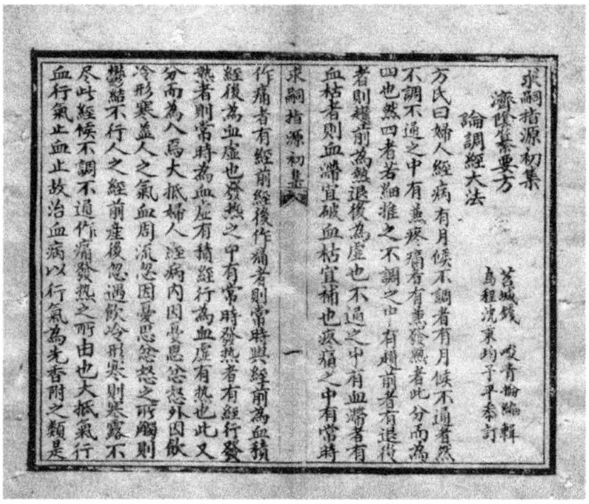
求嗣指源初集
濟陰纂要方
論調經大法
苕城錢峻青崙輯
烏程沈秉鈞子平參訂
方氏曰婦人經病有月候不調者有月候不通者然不調不通之中有兼疼痛者有兼發熱者此分而為四也然四者若細推之不調之中有趲前者有退後者則趲前為熱退後為虛也不通之中有血滯者有血枯者則血滯宜破血枯宜補也疼痛之中有常時作痛者有經前經後作痛者則常時與經前為血積經後為血虛也發熱之中有常時發熱者有經行發熱者則常時為血虛有積經行為血虛有熱也此又分而為八焉大抵婦人經病內因憂思忿怒外因飲冷形寒蓋人之氣血周流忽因憂思忿怒之所觸則鬱結不行人之經前產後忽遇飲冷形寒則寒露不盡此經候不調不通作痛發熱之所由也大抵氣行血行氣止血止故治血病以行氣為先香附之類是
求嗣指源初集
一

图 1　中国中医科学院刻本

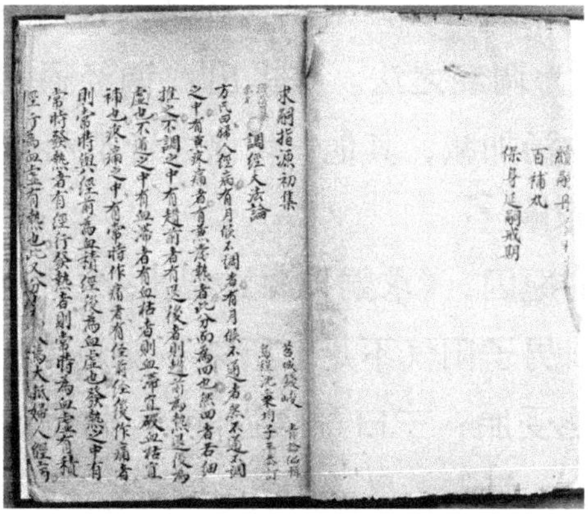
求嗣指源初集
調經大法論
百補丸
保身延嗣戒期

图 2　山东中医药大学抄本

因刻本镌刻清晰，年代确凿，抄本无法确定年代，且删减了全部序言及部分正文，故选用中国中医科学院图书馆藏清光绪二十二年丙申（1896）吉林三利泉记刻本为底本，以山东中医药大学图书馆藏抄本为校本，结合他校进行整理。

二、《求嗣指源》的临床贡献

《求嗣指源》论述周详，以纲统目，摘录调经、求嗣等理论，选用成方大都切于实用。该书对临床的贡献主要表现在两个方面：

1. 调经大法

关于调经大法，《求嗣指源》指出："大抵妇人经病，内因忧思忿怒，外因饮冷形寒。盖人之气血周流，忽因忧、思、忿怒之所触，则郁结不行。人之经前产后忽遇饮冷形寒，则寒露不尽。此经候不调，不通作痛，发热之所由也。大抵气行血行，气止血止。故治血病以行气为先，香附之类是也。""故妇人调经，最要慎喜怒、少忧虑、戒骄妒、和性情、调饮食，则血气和平，百病不生，而后孕育成矣"，此为调经之法。并提出"调经通用诸方，妇人百病不出四物汤加减，其他一切诸方皆不及也"的看法。

2. 种子求嗣

对乏嗣的原因，《求嗣指源》提出："大凡乏嗣者，其故有三。一曰男子阳气不足，所以不能施为；二曰女子血气虚损，不能受胎；三曰子息迟晚。"同时就男女交配受孕成胎，提出：第一，尽人力，在清心寡欲，寡欲则精壮气实，结胎有根基；第二，回天意，在积德存仁。

在封建时代，生育后代是个人、家族乃至整个社会的一件大事。《求嗣指源》在系统揭示自然生育规律的同时，对晚婚晚育、一夫一妻、优生优育、生男生女等有关问题，也做了一定的阐述。书中认为："男子十六而精通，必三十而娶；女子十四而天癸至，必二十而嫁。皆为阴阳充实。或精未通而动女子，经始至而近男子，未完而伤，未实而动，根本既薄，枝叶必伤，嗣续其能蕃衍乎?"因此，"夫妇正也，然亦贵有节"，既不可以纵欲无度，也不可以婚嫁过早。故"寡欲多男子，因不妄交故耳"，惟有如此，方能保证后代健康。"当思百年姻眷，终身相偶"，体现一夫一妻的思想。

总之，《求嗣指源》是一部有关生育问题的专书，内容涉及种子、养胎、妇科等内容，理论与实践相结合的鲜明特征贯穿于全书的始终。《求嗣指源》走出前人用壮阳酷烈之品作为种子诸方的误区，强调种子应符合"天时、地利、人和"。以修身养、心积德回仁为补心之法，以补虚、养根基、调气血为补身之法，同时也将戒期禁欲作为保身延嗣大法之一。

总书目

医经

内经博议

内经提要

内经精要

医经津渡

素灵微蕴

难经直解

内经评文灵枢

内经评文素问

内经素问校证

灵素节要浅注

素问灵枢类纂约注

清儒《内经》校记五种

勿听子俗解八十一难经

黄帝内经素问详注直讲全集

基础理论

运气商

运气易览

医学寻源

医学阶梯

医学辨正

病机纂要

脏腑性鉴

校注病机赋

内经运气病释

松菊堂医学溯源

脏腑证治图说人镜经

脏腑图说症治合璧

伤寒金匮

伤寒考

伤寒大白

伤寒分经

伤寒正宗

伤寒寻源

伤寒折衷

伤寒经注

伤寒指归

伤寒指掌

伤寒选录

伤寒绪论

伤寒源流

伤寒撮要

伤寒缵论

医宗承启

桑韩笔语

伤寒正医录

伤寒全生集

伤寒论证辨

伤寒论纲目

伤寒论直解

伤寒论类方
伤寒论特解
伤寒论集注（徐赤）
伤寒论集注（熊寿试）
伤寒微旨论
伤寒溯源集
订正医圣全集
伤寒启蒙集稿
伤寒尚论辨似
伤寒兼证析义
张卿子伤寒论
金匮要略正义
金匮要略直解
高注金匮要略
伤寒论大方图解
伤寒论辨证广注
伤寒活人指掌图
张仲景金匮要略
伤寒六书纂要辨疑
伤寒六经辨证治法
伤寒类书活人总括
张仲景伤寒原文点精
伤寒活人指掌补注辨疑

诊　法

脉微
玉函经
外诊法
舌鉴辨正
医学辑要
脉义简摩
脉诀汇辨
脉学辑要
脉经直指
脉理正义
脉理存真
脉理宗经
脉镜须知
察病指南
崔真人脉诀
四诊脉鉴大全
删注脉诀规正
图注脉诀辨真
脉诀刊误集解
重订诊家直诀
人元脉影归指图说
脉诀指掌病式图说
脉学注释汇参证治

针灸推拿

针灸节要
针灸全生
针灸逢源
备急灸法
神灸经纶
传悟灵济录
小儿推拿广意
小儿推拿秘诀
太乙神针心法
杨敬斋针灸全书

本　草

药征

药鉴

药镜

本草汇

本草便

法古录

食品集

上医本草

山居本草

长沙药解

本经经释

本经疏证

本草分经

本草正义

本草汇笺

本草汇纂

本草发明

本草发挥

本草约言

本草求原

本草明览

本草详节

本草洞诠

本草真诠

本草通玄

本草集要

本草辑要

本草纂要

药性提要

药征续编

药性纂要

药品化义

药理近考

食物本草

食鉴本草

炮炙全书

分类草药性

本经序疏要

本经续疏

本草经解要

青囊药性赋

分部本草妙用

本草二十四品

本草经疏辑要

本草乘雅半偈

生草药性备要

芷园臆草题药

类经证治本草

神农本草经赞

神农本经会通

神农本经校注

药性分类主治

艺林汇考饮食篇

本草纲目易知录

汤液本草经雅正

新刊药性要略大全

淑景堂改订注释寒热温平药性赋

用药珍珠囊　珍珠囊补遗药性赋

方　　书

医便

卫生编

袖珍方

仁术便览

古方汇精

圣济总录

众妙仙方

李氏医鉴

医方丛话

医方约说

医方便览

乾坤生意

悬袖便方

救急易方

程氏释方

集古良方

摄生总论

摄生总要

辨症良方

活人心法（朱权）

卫生家宝方

见心斋药录

寿世简便集

医方大成论

医方考绳愆

鸡峰普济方

饲鹤亭集方

临症经验方

思济堂方书

济世碎金方

揣摩有得集

亟斋急应奇方

乾坤生意秘韫

简易普济良方

内外验方秘传

名方类证医书大全

新编南北经验医方大成

临证综合

医级

医悟

丹台玉案

玉机辨症

古今医诗

本草权度

弄丸心法

医林绳墨

医学碎金

医学粹精

医宗备要

医宗宝镜

医宗撮精

医经小学

医垒元戎

证治要义

松厓医径

扁鹊心书

素仙简要

慎斋遗书
折肱漫录
济众新编
丹溪心法附余
方氏脉症正宗
世医通变要法
医林绳墨大全
医林纂要探源
普济内外全书
医方一盘珠全集
医林口谱六治秘书
识病捷法

温　　病

伤暑论
温证指归
瘟疫发源
医寄伏阴论
温热论笺正
温热病指南集
寒瘟条辨摘要

内　　科

医镜
内科摘录
证因通考
解围元薮
燥气总论
医法征验录
医略十三篇
琅嬛青囊要
医林类证集要
林氏活人录汇编
罗太无口授三法
芷园素社痎疟论疏

女　　科

广生编
仁寿镜
树蕙编
女科指掌
女科撮要
广嗣全诀
广嗣要语
广嗣须知
孕育玄机
妇科玉尺
妇科百辨
妇科良方
妇科备考
妇科宝案
妇科指归
求嗣指源
坤元是保
坤中之要
祈嗣真诠
种子心法
济阴近编
济阴宝筏
秘传女科

秘珍济阴
黄氏女科
女科万金方
彤园妇人科
女科百效全书
叶氏女科证治
妇科秘兰全书
宋氏女科撮要
茅氏女科秘方
节斋公胎产医案
秘传内府经验女科

儿　　科

婴儿论
幼科折衷
幼科指归
全幼心鉴
保婴全方
保婴撮要
活幼口议
活幼心书
小儿病源方论
幼科医学指南
痘疹活幼心法
新刻幼科百效全书
补要袖珍小儿方论
儿科推拿摘要辨症指南

外　　科

大河外科
外科真诠
枕藏外科
外科明隐集
外科集验方
外证医案汇编
外科百效全书
外科活人定本
外科秘授著要
疮疡经验全书
外科心法真验指掌
片石居疡科治法辑要

伤　　科

正骨范
接骨全书
跌打大全
全身骨图考正
伤科方书六种

眼　　科

目经大成
目科捷径
眼科启明
眼科要旨
眼科阐微
眼科集成
眼科纂要
银海指南
明目神验方
银海精微补

咽喉口齿

养　　生

医案医话医论

养性轩临证医案
养新堂医论读本
祝茹穹先生医印
谦益斋外科医案
太医局诸科程文格
古今医家经论汇编
莲斋医意立斋案疏

医　　史

医学读书志
医学读书附志

综　　合

元汇医镜
平法寓言
寿芝医略
杏苑生春
医林正印
医法青篇
医学五则
医学汇函
医学集成
医学辩害
医经允中
医钞类编
证治合参
宝命真诠
活人心法（刘以仁）
家藏蒙筌
心印绀珠经
雪潭居医约
嵩厓尊生书
医书汇参辑成
罗氏会约医镜
罗浩医书二种
景岳全书发挥
新刊医学集成
寿身小补家藏
胡文焕医书三种
铁如意轩医书四种
脉药联珠药性食物考
汉阳叶氏丛刻医集二种